Processo non termico

Gulcin Yildiz
Gokcen Izli

Processo non termico

ScienciaScripts

Cover image: www.ingimage.com

This book is a translation from the original published under ISBN 978-3-659-97350-5.

Publisher:
Sciencia Scripts
is a trademark of
Dodo Books Indian Ocean Ltd. and OmniScriptum S.R.L publishing group

120 High Road, East Finchley, London, N2 9ED, United Kingdom
Str. Armeneasca 28/1, office 1, Chisinau MD-2012, Republic of Moldova, Europe

ISBN: 978-620-5-79217-9

PROCESSO NON TERMICO: TECNOLOGIA AD ULTRASUONI

Di Gulcin Yildiz e Gokcen Izli

PREFAZIONE

I trattamenti termici convenzionali applicati agli alimenti ne garantiscono la sicurezza, riducendo o eliminando l'attività microbica e provocando cambiamenti fisici o chimici negli alimenti per soddisfare un determinato standard qualitativo. Tuttavia, il trattamento termico applicato agli alimenti presenta un problema. Questo problema è la perdita di componenti volatili, nutrienti e sapore degli alimenti. I metodi non termici sono diventati popolari per affrontare questo problema di qualità nell'industria alimentare. Le tecnologie non termiche hanno la capacità di inattivare i microrganismi a temperature vicine a quella ambiente, senza causare effetti negativi sul colore, sul gusto, sulla consistenza e sul valore nutrizionale degli alimenti causati dalle alte temperature. Tra i metodi non termici, gli ultrasuoni (US), i campi elettrici pulsati (PEF) e il trattamento ad alta pressione (HPP) sono comunemente utilizzati dall'industria alimentare. Gli ultrasuoni producono vibrazioni simili alle onde sonore, con una frequenza molto elevata (18 kHz - 500 MHz) che gli esseri umani non sono in grado di sentire. Queste vibrazioni causano cicli di compressione ed espansione e quindi un effetto di cavitazione nell'ambiente biologico. La collisione implosiva delle bolle crea punti con pressioni e temperature molto elevate che possono danneggiare le strutture cellulari. Questo intenso apporto di energia accelera le reazioni fisiche e chimiche, migliora la chimica di superficie e provoca un forte movimento delle particelle. Si creano collisioni interparticellari ad alta velocità.

Il presente libro è stato scritto per mostrare i vantaggi delle tecnologie non termiche rispetto ai processi termici, fornendo informazioni sulle tecniche non termiche applicate agli alimenti. In particolare, tra le tecnologie alternative non termiche verrà esaminata in dettaglio la tecnologia a ultrasuoni, spiegando il principio di funzionamento delle onde sonore ultrasoniche e il loro utilizzo nell'industria alimentare.

Questo libro si compone di tre parti, di cui troverete i dettagli di seguito:

Capitolo 1: Questa sezione fornisce informazioni sui metodi non termici utilizzati nell'industria alimentare, sui loro usi e sugli effetti sui cambiamenti fisici e chimici degli alimenti.

Capitolo 2: Questa sezione fornisce informazioni sul principio di funzionamento delle onde sonore ultrasoniche non termiche e sul loro utilizzo nell'industria alimentare.

Capitolo 3: Questa sezione riassume i punti importanti citati nel libro.

Leggendo questo libro, crediamo che otterrete una panoramica dei processi non termici applicati nell'industria alimentare. Potrete leggere i vantaggi e gli svantaggi dei processi non termici rispetto a quelli termici, ampiamente utilizzati, e constatare la loro superiorità rispetto agli altri. In questo libro verranno trattati in dettaglio soprattutto i principi di funzionamento delle onde sonore ultrasoniche e il loro utilizzo nell'industria alimentare. Ci auguriamo che questo libro possa essere una guida per il vostro lavoro futuro.

Ai nostri genitori, per il loro amore e il loro sostegno

INDICE DEI CONTENUTI

LIST OF ABBREVIATIONS

FDA: US Food and Drug Administration

HPP: High Pressure Processing

HTST: High temperature – short time

kHz: Kilohertz

kPa: Kilopaskal

MS: Manosonication

MTS: Mano-thermo-sonication

mo: Mikroorganism

PEF: Pulsed electric field

UHT: Ultra high temperature

US: Ultrasound

TS: Thermosonication

CAPITOLO 1

LAVORAZIONE NON TERMICA

Trattamenti termici tradizionali applicati agli alimenti:

- ridurre o eliminare l'attività microbica,
- ridurre o eliminare l'attività enzimatica e
- provocare cambiamenti fisici o chimici per soddisfare un determinato standard qualitativo degli alimenti (Manas et al., 2005).

Tuttavia, un problema del trattamento termico applicato agli alimenti è che la perdita di:

- componenti volatili,
- nutrienti e
- gusto (Manas et al., 2005).

I metodi non termici sono diventati popolari nell'industria alimentare per superare questi problemi e aumentare la velocità di produzione e i profitti. La lavorazione non termica può essere utilizzata per tutti i tipi di alimenti per fornire una migliore qualità e conservabilità. (Volimer et al., 1998).

I diversi e più comuni metodi non termici utilizzati sono elencati di seguito:

- ultrasuoni (USA),
- campo elettrico pulsato (PEF) e

trattamento ad alta pressione (HPP).

Le tecnologie non termiche hanno la capacità di inattivare i microrganismi a temperature vicine a quella ambiente senza causare effetti negativi sul colore, sul sapore, sulla consistenza e sul valore nutrizionale degli alimenti causati dalle alte temperature. Per questo motivo, continua la ricerca intensiva sulle tecniche di conservazione degli alimenti non termiche, come il trattamento ad alta pressione (HPP), il campo elettrico pulsato (PEF) e gli ultrasuoni (Manas et al., 2005).

Negli ultimi anni, l'interesse per i prodotti alimentari di alta qualità è aumentato costantemente a causa della domanda dei consumatori. Ciò ha portato a un aumento della domanda di tecnologie di protezione alimentare non termiche. Per questo motivo, l'industria alimentare sta iniziando a utilizzare le tecniche di lavorazione tradizionali, che sono generalmente effettuate a temperature più basse. Si è quindi iniziato a utilizzare tecnologie non termiche che riducono gli effetti negativi delle alte temperature sulla qualità degli alimenti (Ramisetty et al., 2015). In questo libro, le tecniche di conservazione alimentare non termiche (US, PEF e HPP) saranno valutate come metodi alternativi ai trattamenti termici.

Il latte presenta un ambiente favorevole alla crescita batterica. Gli obiettivi principali della pastorizzazione del latte sono:

- inattivare i batteri patogeni,
- ridurre il numero di microrganismi e
- riducendo l'attività enzimatica (Chandrapala et al., 2012)

- Proteine,
- oli,
- carboidrati,
- minerali,
- vitamine e
- alto contenuto d'acqua

è un substrato eccellente per la crescita dei batteri. È un ambiente ricco non solo per la flora naturale, ma anche per i batteri patogeni presenti nell'ambiente e per l'attività enzimatica (Pelczar e Reid, 1972). Nel corso del tempo, il concetto di pastorizzazione è cambiato con la disponibilità di nuove tecnologie e di microrganismi più resistenti.

Il concetto originale di pastorizzazione si basava sulla relazione tempo-temperatura per l'inattivazione dell'agente patogeno più resistente al calore *(Mycobacterium tuberculosis)* presente nel latte. Tuttavia, più di 30 anni fa, la relazione tempo-temperatura è cambiata a causa della scoperta di una nuova batterina che viene trasmessa dall'assunzione di latte nell'uomo e crea un sapore Q (Pelczar e Reid, 1972).

Oggi, la pastorizzazione del latte si basa sul fatto che alcuni microrganismi più resistenti al calore sono stati riscontrati in recenti epidemie nell'industria lattiero-casearia. Queste epidemie non sono dovute solo alla contaminazione degli alimenti durante il trasporto, ma anche all'inadeguatezza del trattamento termico applicato durante la lavorazione. Motarjemi e Adams (2006) hanno descritto i patogeni con una frequenza di comparsa crescente.

Sono state segnalate molte epidemie di origine alimentare dovute alla presenza di batteri patogeni nell'industria alimentare o alla contaminazione successiva alla pastorizzazione (Air e Montville, 1995; Kozak et al., 1996; Ko e Grant, 2003; Mohan Nair et al., 2005).

La Listeria monocytogenes è uno dei microrganismi patogeni di origine alimentare che causano problemi nell'industria alimentare. Questo microrganismo è stato seguito da:

- *Salmonella,*
- *Escherichia coli 0157: H7,*
- *Clostridium botulinum,*
- *Campylobacter* e
- *Staphylococcus aureus* (Banasiak, 2005).

La L. monocytogenes è stata scoperta all'inizio del secolo scorso, ma negli anni '80 si è registrato un grande aumento dell'incidenza di questo microrganismo negli alimenti e oggi è diventato uno dei più importanti patogeni alimentari presenti nelle carni crude e lavorate, nelle verdure e nei prodotti caseari (McLauchlin, 2006). Gli impianti dell'industria lattiero-casearia sono una buona fonte di contaminazione da *Listeria* e il suolo, l'acqua e persino le mucche possono infettare con i batteri le colture non trattate e lavorate.

- *Saccharomyces cerevisiae* (Guerrero et al., 2005; Tsukamoto et al., 2004 a, b),
- *E. coli* (Ananta et al., 2005; Furuta et al., 2005),
- *L. monocytogenes* (Manas et al., 2000; Ugarte-Romero et al., 2007),
- *Salmonella* (Cabeza et al., 2004),
- *Shigella* (Ugarte-Romero et. al., 2007),
- *Bacillus subtilis* (Carcel et l., 1998),
- *Salmonella typhimurium* (Wrigley e Llorca, 1992),
- *E. coli* (Zenker et al., 2003),
- *L. monocytogenes* (Earnshaw et al., 1995) e
- *Listeria innocua* (Bermudez-Aguirre e Barbosa-Canovas, 2008)

In letteratura sono stati condotti alcuni studi per l'inattivazione di questi batteri. Gli studi di inattivazione sotto il nome di ultrasuoni (l'uso di onde sonore per inattivare le cellule) sono stati positivi.

Ad esempio, in uno studio condotto su *L. monocytogenes* nel latte scremato, il tempo di riduzione della carica microbica è diminuito da 2,1 a 0,3 minuti se sottoposto a ultrasuoni. L'uso della pressione in combinazione con gli ultrasuoni (mano-sonorizzazione) ha fornito una riduzione significativa dell'inattivazione di *L. monocytogenes* nel latte scremato.

In un altro studio, utilizzando la pressione e la temperatura ambiente, il tempo di inattivazione è stato ridotto a 1,5 minuti aumentando la pressione a 200 kPa, mentre il tempo è stato di 4,3 minuti con il solo trattamento a ultrasuoni; questo valore è risultato pari a 1,0 minuti quando la pressione precedente è raddoppiata.

(400 kPa). Quando la temperatura è stata aumentata oltre i 50°C, la caratteristica letale delle onde sonore ultrasoniche sulle cellule *di Listeria* è aumentata (Pagan et al., 1999).

Inoltre, la termosonorizzazione (combinazione di calore e onde sonore ultrasoniche) è stata utilizzata per prolungare la durata di conservazione del latte crudo (Bermudez-Aguirre et al., 2009) e del latte UHT (ultra high temperature) (Bermudez-Aguirre e Barbosa-Canovas, 2008). È stato inoltre dimostrato che è utile per ritardare la crescita dei batteri mesofili.

È importante sottolineare che gli ultrasuoni hanno la capacità di pastorizzare il latte, ma non di sterilizzarlo. Secondo la FDA, mentre la pastorizzazione è un processo che inattiva l'intera popolazione di microrganismi patogeni nel latte, la sterilizzazione è l'inattivazione dei microrganismi patogeni e di quelli che formano spore. È stato dimostrato che gli ultrasuoni sono un processo adatto a pastorizzare solo alcuni alimenti liquidi, indipendentemente dalle diverse temperature, ampiezze o pressioni.

CAPITOLO 2

ULTRASUONI

2.1. Tecnologia a ultrasuoni

Gli ultrasuoni sono uno dei metodi alternativi al trattamento termico per proteggere gli alimenti. Gli ultrasuoni hanno vibrazioni simili alle onde sonore, ma hanno una frequenza molto alta (20 kHz - 500 MHz) che l'uomo non può sentire. Queste vibrazioni provocano cicli di compressione ed espansione e quindi fenomeni di cavitazione negli ambienti biologici. Il collasso implosivo delle bolle crea punti con pressioni e temperature molto elevate che possono distruggere le strutture cellulari (Sala et al., 1995). Questo intenso apporto di energia accelera le reazioni fisiche e chimiche, aumenta la chimica di superficie e provoca un forte movimento delle particelle. Ciò provoca collisioni interparticellari ad alta velocità.

Le tecniche a ultrasuoni hanno trovato un uso crescente nell'industria alimentare per l'analisi e la modifica degli alimenti. Mentre gli ultrasuoni a bassa intensità influenzano le proprietà fisiche o chimiche degli alimenti, gli ultrasuoni ad alta intensità influenzano le proprietà fisico-chimiche degli alimenti come l'emulsificazione, la disgregazione delle cellule, l'avvio di reazioni chimiche, l'inibizione degli enzimi, l'ammorbidimento della carne e la modifica del processo di cristallizzazione (McClements, 2000).

L'uso degli ultrasuoni da solo per l'inattivazione microbica degli alimenti non sembra sufficiente, quindi diversi autori hanno cercato di utilizzarli con altri metodi per potenziarne l'attività nell'inattivazione microbica ed enzimatica.

Tali combinazioni sono:

a. termosonorizzazione (calore + ultrasuoni),

b. manosonorizzazione (pressione + ultrasuoni) e

c. manotermosonorizzazione (pressione + calore + ultrasuoni).

Queste combinazioni sono risultate efficaci contro microrganismi ed enzimi. È stato dimostrato che la combinazione di calore e ultrasuoni o di calore e ultrasuoni sotto pressione aumenta significativamente gli effetti letali delle procedure applicate (Sala et al., 1995; Zenker et al., 2003). È stato inoltre riportato che i processi combinati di calore e ultrasuoni riducono le temperature massime del processo del 25-50%. Anche le alterazioni del colore e della vitamina C sono state ridotte dopo l'operazione (Zenker et al., 2003).

Esistono due tipi di ultrasuoni nell'industria alimentare. Si tratta di:

- Ultrasuoni a bassa intensità e

- ultrasuoni ad alta intensità.

La metodologia degli ultrasuoni a bassa intensità è nota come metodo analitico non distruttivo. Viene utilizzata per misurare la struttura, la composizione e la portata degli alimenti. La metodologia a ultrasuoni ad alta intensità, invece, provoca danni fisici ai tessuti quando viene utilizzata ad alte frequenze. Per questo motivo, vengono utilizzati soprattutto per il taglio degli alimenti o la disinfezione delle attrezzature. Gli effetti fisici e chimici del processo a ultrasuoni in ambienti liquidi e solidi vengono utilizzati in modo considerevole. Nel mezzo liquido, si verificano forti forze fisiche come la cavitazione acustica, i microgetti e le onde d'urto. Queste forze sono anche una delle ragioni per l'uso degli ultrasuoni nell'emulsione e nella filtrazione (Chandrapala et al., 2012). Il vantaggio della tecnologia di lavorazione degli alimenti a ultrasuoni è la sua efficacia contro le cellule vegetali, le spore e gli enzimi. Inoltre, i tempi e le temperature del processo sono notevolmente ridotti.

2.2. Processore a ultrasuoni

Per le applicazioni a ultrasuoni sono disponibili diversi tipi di dispositivi a seconda della scala del processo. I bagni a ultrasuoni e i sistemi di sonde sono apparecchiature ampiamente utilizzate. Qualunque sia il settore o l'applicazione, sono necessari gli stessi componenti di base del sistema per generare e trasmettere onde ultrasoniche. In generale, le parti di un dispositivo a ultrasuoni comprendono il generatore elettrico (alimentazione), il convertitore e le sezioni della sonda (Mason, 1998).

1. I bagni a ultrasuoni hanno un meccanismo relativamente semplice e a basso costo che consiste in un tubo metallico con uno o più trasduttori fissati alle pareti della vasca. Il prodotto da trattare viene immerso direttamente nel bagno.

2. I sistemi di sonde possono essere applicati direttamente al prodotto simile a un liquido con un input di potenza facilmente controllabile. La Figura 2.1 mostra il sistema di sonde su scala di laboratorio.

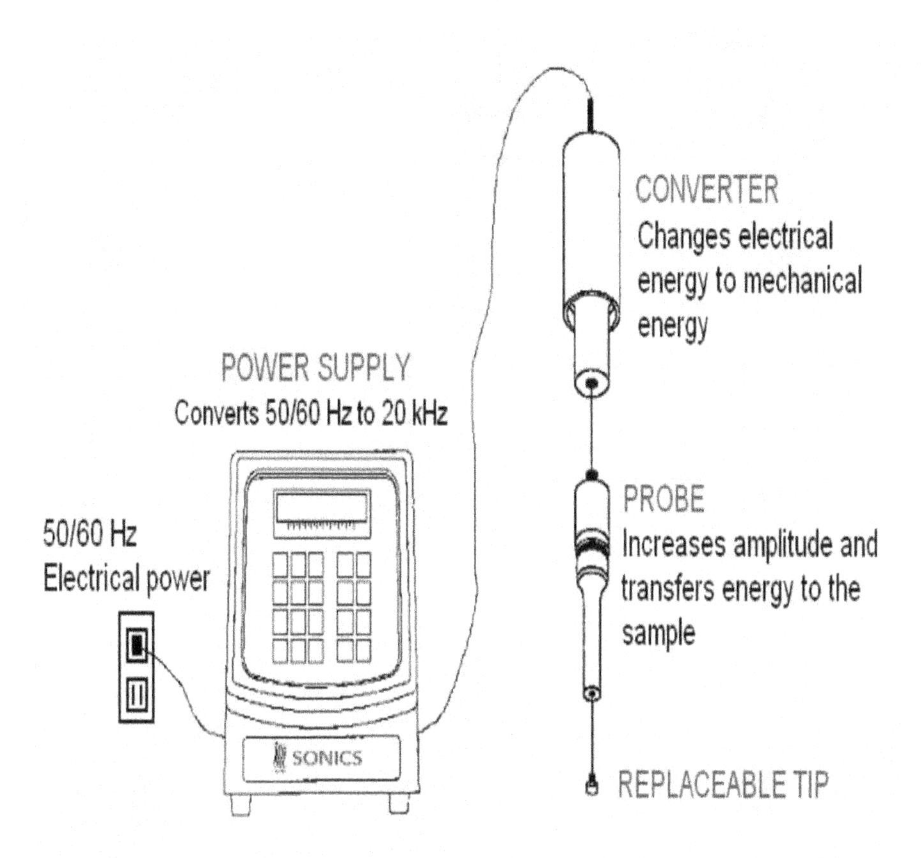

Şekil 2.1. Processore a ultrasuoni (sistema di sonde)

2.2.1. Alimentazione

L'alimentatore è la fonte di energia per il sistema a ultrasuoni (Povey e Mason, 1998). In generale, un alimentatore produce corrente elettrica con una certa potenza nominale. La potenza è regolata dalle impostazioni di tensione (V) e corrente (I). La tensione rappresenta l'energia potenziale immagazzinata negli elettroni e si misura in volt. Gli alimentatori progettati appositamente per la sonicazione sono per lo più destinati ad applicazioni di pulizia e disinfezione industriale. Di solito operano nella gamma delle basse frequenze (10-40 kHz).

2.2.2. Convertitore

Tutti i sistemi a ultrasuoni includono un convertitore come elemento centrale. Il convertitore converte meccanicamente l'energia elettrica in frequenze ultrasoniche. I convertitori piezoelettrici sono ampiamente utilizzati nell'industria alimentare (Aleixo et al., 2004).

2.2.3. Sonda

La sonda, detta anche reattore, trasferisce l'energia dal convertitore al campione La sonda svolge anche il ruolo di aumentare le vibrazioni ultrasoniche mentre trasferisce l'energia al prodotto.

Infine, la punta sostituibile è la parte in cui si realizza la connessione tra cibo e ultrasuoni.

2.3. Applicazioni della tecnologia a ultrasuoni nell'industria alimentare

2.3.1. Sonicazione

Gli ultrasuoni ad alta intensità (da 20 a 100 kHz) sono una tecnologia economica e facile da usare, utilizzata per alterare le proprietà strutturali e funzionali delle proteine globulari (Jambrak et al., 2008).

L'effetto delle onde sonore ultrasoniche è ottenuto grazie agli effetti chimici, meccanici e fisici della cavitazione acustica (Figura 2.2).

Questo fenomeno di cavitazione comporta la formazione, la crescita e l'intensa esplosione di piccole bolle nel liquido come conseguenza della fluttuazione della pressione acustica.

La cavitazione altera la struttura quaternaria e/o terziaria delle proteine globulari e rompe gli aggregati proteici influenzandoli:

- legami e strutture proteiche,
- legami a idrogeno e
- interazioni idrofobiche.

Molti studi hanno riportato l'uso degli ultrasuoni per migliorare le proprietà emulsionanti delle proteine di soia (Lee et al., 2016; Yildiz et al., 2017; Yildiz et al., 2018).

La sonicazione è una delle tecniche utilizzate per creare emulsioni con gocce molto piccole. La sonicazione può essere definita come l'applicazione di energia ultrasonica per scuotere le particelle di un campione.

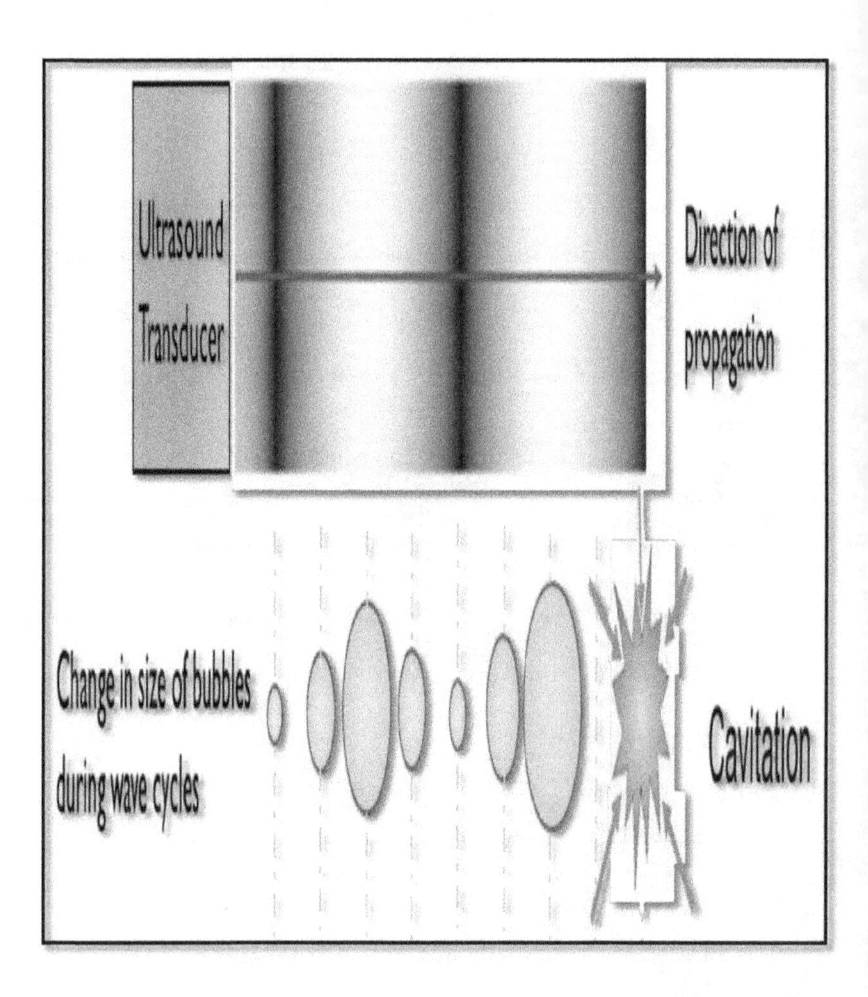

Figura 2.2. Fenomeni di cavitazione acustica

I sistemi di sonicazione su scala di laboratorio sono ampiamente utilizzati nei laboratori di ricerca per la produzione di nanoemulsioni. Questi dispositivi sono costituiti da una sonda a ultrasuoni contenente un cristallo piezoelettrico che trasforma le onde elettriche in vibrazioni meccaniche. La sonda tratta il campione da omogeneizzare e produce forti forze con combinazioni di:

- cavitazione,
- turbolenza e
- onde di interfaccia

(Kentish et al., 2014). L'emulsificazione con la tecnologia a ultrasuoni avviene principalmente attraverso due meccanismi.

- In primo luogo, l'uso di un campo acustico produce onde interfacciali che fanno cadere la fase oleosa nell'ambiente acquoso sotto forma di goccioline.
- In secondo luogo, l'applicazione di ultrasuoni a bassa frequenza provoca la cavitazione acustica, ossia la formazione di una semplice onda sonora di microbolle a causa delle fluttuazioni di pressione, che poi collassano. Ogni collasso delle bolle (una collisione su scala microscopica) provoca un alto livello di turbolenza localizzata (Figura 2.2). Le microbolle turbolente agiscono come un metodo molto efficace per separare le gocce primarie di olio disperso in gocce di dimensioni submicroniche (Forster, 1997).

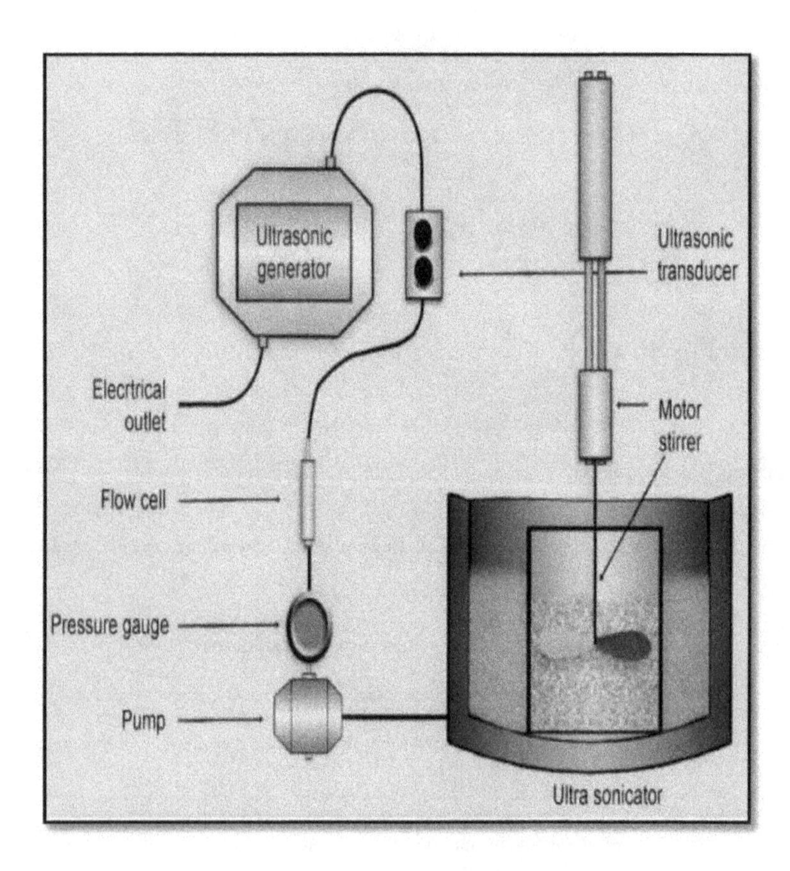

Figura 2.3. Emulsificazione con tecnologia a ultrasuoni

2.3.2. Manotermosonorizzazione (MTS)

Oltre alla pressione moderata e al calore, la sonicazione è chiamata manotermosonicazione (MTS). Si tratta di un tipo di tecnologia a ostacoli che combina 3 diversi parametri:

1) Ecografia,
2) calore e
3) pressione.

Nel sistema MTS, un generatore di ultrasuoni VC-750 viene utilizzato per trasmettere energia acustica al reattore incamiciato. La frequenza del generatore è di 20 kHz e l'ampiezza sulla punta della sonda è di 124 micron. La temperatura nel reattore è monitorata da una coppia termica e controllata a ± 1°C dalla temperatura target. L'acqua in circolazione è regolata miscelando l'acqua del rubinetto con il bagno d'acqua impostato a una temperatura predeterminata.

Nel sistema di mano-termo-sonorizzazione (MTS), l'azoto gassoso viene utilizzato come fonte di pressione (Lee et al., 2009). È stato riportato che la mano-termo-sonorizzazione aumenta l'attività di cavitazione acustica (formazione, crescita e intensa esplosione di piccole bolle), che è molto efficace per raggiungere l'obiettivo della lavorazione degli alimenti (Kuldiloke., 2002).

Il sistema di manotermosonorizzazione (MTS) su scala di laboratorio è illustrato nella Figura 2.4.

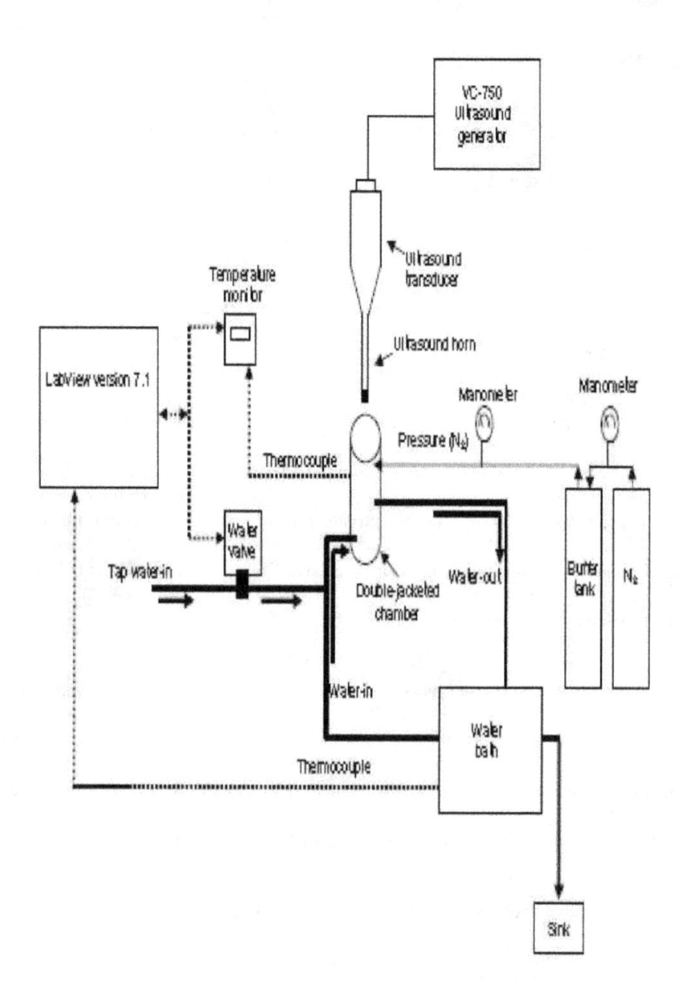

Figura 2.4. Sistema di manotermosonicazione (MTS) su scala di laboratorio (Yildiz, 2017)

2.4. L'effetto degli ultrasuoni sulla qualità sensoriale e nutrizionale degli alimenti

Gli alimenti e le bevande sono sottoposti a una serie di processi per prolungarne la durata di conservazione. La pastorizzazione termica è una procedura preferita per la sua efficacia nel prevenire la crescita microbica in molti tipi di bevande, compresi i succhi di frutta.

Lo svantaggio principale di questo processo è l'uso di temperature elevate che possono portare a cambiamenti biochimici e nutrizionali indesiderati che possono influire sulle caratteristiche qualitative del prodotto finale.

I consumatori tendono a preferire succhi di frutta con perdite minime di nutrienti e gusti freschi.

La conservazione della qualità o il potenziamento di materiali bioattivi come gli antiossidanti o le vitamine saranno vantaggiosi per i consumatori e i produttori.

L'uso della tecnologia a ultrasuoni come processo non termico ha suscitato grande interesse come alternativa all'uso dei metodi termici tradizionali, poiché gli ultrasuoni sembrano avere un effetto minimo sulle proprietà sensoriali e nutritive del succo fresco.

Di seguito sono disponibili informazioni più dettagliate sulle applicazioni e sulle condizioni sperimentali:

Abid et al. (2013) hanno studiato l'effetto degli ultrasuoni sui diversi parametri qualitativi del succo di mela. Nello studio, i campioni di succo di mela sono stati sottoposti a ultrasonicazione a 25 kHz di frequenza durante

- 30,
- 60, e
- 90 minuti

Non sono stati osservati cambiamenti nei succhi di mela trattati con ultrasuoni:

- pH,
- acidità e
- solidi totali solubili

D'altra parte, sono stati raggiunti cambiamenti e miglioramenti significativi, soprattutto nel settore della sanità:

- acido ascorbico,
- torbidità,
- composti fenolici e
- capacità antiossidante

di succhi di mela trattati con ultrasuoni.

Oltre a questi parametri qualitativi, la valutazione microbiologica dei succhi di mela trattati con ultrasuoni ha evidenziato una significativa diminuzione della carica microbica. Il trattamento a ultrasuoni ha quindi migliorato la qualità complessiva del succo di mela e ha dimostrato l'applicabilità degli ultrasuoni per la produzione di succhi di mela sicuri dal punto di vista microbico e di alta qualità.

In un altro studio, Santhirasegaram et al. (2015) hanno studiato gli effetti dei processi termici e non termici sui succhi di mango. A tale scopo, i succhi di mango freschi sono stati trattati a 25° C per

30 secondi e 60 secondi con trattamento termico.

Inoltre, il succo di mango a temperatura ambiente è stato trattato con ultrasuoni della frequenza di 40 kHz durante

- 15,
- 30, e
- 60 min

I succhi di mango sottoposti a trattamento termico e a ultrasuoni sono stati confrontati per 5 settimane con succhi di frutta non trattati in termini di:

- composti fenolici,
- attività antiossidante e
- proprietà sensoriali.

I risultati dello studio hanno mostrato che i succhi di mango trattati con ultrasuoni, rispetto a quelli trattati termicamente e ai succhi di frutta freschi, sono risultati migliori:

- elevate quantità di conservazione di sostanze fenoliche e
- un aumento significativo dell'attività antiossidante.

Inoltre, la valutazione sensoriale del succo di mango trattato con ultrasuoni ha dato luogo a punteggi più elevati da parte dei panelisti.

2.5. Inattivazione microbica

L'obiettivo della tecnologia nella lavorazione degli alimenti è quello di ridurre la popolazione iniziale di microrganismi a un livello sicuro, danneggiando al minimo le caratteristiche qualitative del prodotto. Tuttavia, con alcune tecnologie in via di sviluppo, i microrganismi possono svilupparsi nel tempo come risultato dell'influenza di un fattore specifico come;

- pressione,
- elettricità o
- onde sonore.

In realtà, alcuni fattori hanno bloccato o rallentato l'aumento dei microrganismi durante il processo. È stato dimostrato che l'applicazione di onde sonore ultrasoniche ha un effetto positivo sull'inattivazione dei microrganismi, soprattutto se combinata con altri fattori come la temperatura e la pressione.

Gli ultrasuoni possono essere utilizzati nella sterilizzazione dei prodotti per migliorare l'efficacia del processo di lavaggio. Seymour (2002) ha riportato che quando gli ultrasuoni sono stati utilizzati in combinazione con l'acqua clorata, la popolazione di *S. Typhimurium* nella lattuga è diminuita di 1,7 log, oltre a una riduzione di 0,7 log quando gli ultrasuoni sono stati applicati da soli. Gli ultrasuoni sono risultati efficaci anche nel ridurre la popolazione di S. *typhimurium* sulla pelle del petto di pollo. Le applicazioni di decontaminazione in una soluzione clorata hanno ridotto la contaminazione di *S. Typhimurium* di 0,2 - 0,9 log, mentre gli ultrasuoni e l'acqua clorata hanno ridotto di 2,4 - 3,9 log (Lillard, 1994). Anche l'applicazione di acido acetico e onde sonore ultrasoniche in combinazione per pulire i gusci d'uovo è stata studiata per verificarne l'efficacia antimicrobica.

Cruz-Cansino et al. (2015) hanno studiato lo sviluppo di batteri *Escherichia coli (E. coli)* nel succo di pera trattato con ultrasuoni.

Nello studio è stato eseguito un trattamento con ultrasuoni alla frequenza di 20 kHz con ampiezza variabile dal 60% al 90% durante

- 1 min,
- 3 minuti e
- 5 minuti

nei succhi di pera verde e viola.

Al termine dello studio, il trattamento a ultrasuoni applicato per 5 minuti con un'ampiezza del 90% ha eliminato completamente i batteri *E. coli* in entrambi i succhi di pera.

Oltre alla valutazione microbiologica, non sono stati osservati cambiamenti nei parametri di qualità dei succhi di pera, quali;

- pH,
- acidità e
- solidi totali solubili.

In un altro studio sono stati analizzati gli effetti degli ultrasuoni sull'inattivazione di vari agenti patogeni umani elencati di seguito.

- *Salmonella spp,*
- *Listeria monocytogenes,*
- *Escherichia coli O157: H7,*
- *Staphylococcus aureus* e

- *Cronobacter.*

Inoltre, è stato dimostrato che gli ultrasuoni sono efficaci contro i microrganismi elencati di seguito che causano il deterioramento degli alimenti:

1. batteri aerobi totali,
2. lieviti e muffe e
3. batteri lattici.

Tuttavia, va notato che la maggior parte delle pubblicazioni sull'inattivazione microbica degli ultrasuoni non può essere confrontata direttamente perché gli autori hanno testato condizioni di lavorazione diverse.

Diversi parametri, elencati di seguito, possono influenzare l'inattivazione microbica causata dalle onde sonore ultrasoniche.

- La natura delle onde ultrasoniche,
- durata dell'esposizione,
- temperatura di processo,
- tipi di microrganismi,
- volume di alimenti trasformati e

composizione alimentare.

Di conseguenza, il processo e le condizioni di applicazione (temperatura, pressione, ecc.) di questo processo devono essere attentamente ottimizzati per ottenere il massimo effetto letale.

Mentre i metodi convenzionali, tra cui i processi termici (applicati al calore) come la pastorizzazione e l'HTST (High Temperature-Short Time), causano una bassa qualità sensoriale e la perdita di sostanze nutritive per l'uomo, la tecnologia a ultrasuoni è l'opposto. Il suo scopo è quello di inattivare i microrganismi durante l'applicazione di onde sonore ultrasoniche, in particolare per effetto della cavitazione, senza causare alterazioni del gusto o riduzioni della qualità complessiva degli alimenti. Secondo la Food and Drug Administration (FDA) statunitense, per ottenere un prodotto sicuro si dovrebbe ottenere una riduzione microbica di 5 log.

Cao et al. (2010) hanno riscontrato che gli ultrasuoni sono efficaci nella conservazione dei frutti di fragola quando vengono conservati a 5°C.

È noto che, rispetto ad altri metodi di conservazione degli alimenti, il trattamento termico presenta notevoli vantaggi nel garantire la sicurezza alimentare e la protezione a lungo termine degli alimenti, grazie all'effetto distruttivo su enzimi e microrganismi. Tuttavia, l'effetto non specifico dell'alta temperatura causa una riduzione della qualità nutritiva e sensoriale degli alimenti e può ridurne le proprietà funzionali. Sono stati fatti molti tentativi di progettare metodi alternativi per la protezione e la sanificazione degli alimenti per evitare gli effetti indesiderati dell'alta temperatura.

Tra questi metodi alternativi, quelli maggiormente preferiti e utilizzati sono:

- Alta pressione idrostatica,
- Campi elettrici pulsati,

  Campi magnetici ad alta densità e

  Onde sonore ultrasoniche.

L'effetto letale delle onde sonore ultrasoniche sull'inattivazione microbica degli alimenti è noto fin dai primi anni Trenta. Da allora, sono state condotte diverse indagini per studiare l'effetto delle onde sonore ultrasoniche e della combinazione degli ultrasuoni con altri fattori sull'inattivazione microbica.

All'inizio degli anni '70 è stato osservato che la sensazione termica delle spore aumentava con le onde sonore ultrasoniche. In seguito, è stato dimostrato che le stesse onde sonore ultrasoniche hanno un effetto letale molto più elevato rispetto all'applicazione della stessa temperatura se applicate con il calore (termosonorizzazione).

All'inizio degli anni '90 sono stati studiati gli effetti di inattivazione microbica delle tecniche di manosonicazione (pressione applicata con onde sonore ultrasoniche) e di manotermosonicazione (onde sonore ultrasoniche, pressione e calore).

Come già detto, l'effetto letale degli ultrasuoni ad alta potenza sui microrganismi è dovuto alla cavitazione. Quando le bolle create dall'effetto di cavitazione entrano in un campo ultrasonico, nel punto di collisione si verificano temperature e pressioni elevate. Per questo motivo, possiamo dire che le onde d'urto ad alta temperatura e pressione, o entrambe, sono responsabili dell'effetto letale degli ultrasuoni.

In generale, la cavitazione è più efficace su:

- batteri gram-positivi,
- spore,

di forma sferica e

piccole cellule rotonde.

I batteri Gram-positivi offrono una migliore resistenza alle onde sonore ultrasoniche grazie a pareti cellulari più spesse (strato di peptidoglicano strettamente aderente).

Le spore batteriche e i funghi mostrano una maggiore resistenza agli ultrasuoni rispetto ai batteri. È più difficile distruggere le spore rispetto alle cellule vegetative in crescita.

In un esperimento condotto con succhi di frutta, è stato dimostrato che l'uso di onde sonore ultrasoniche è una strategia adatta per controllare la crescita dei lieviti. Nella prima fase, la tecnica delle onde sonore ultrasoniche è stata testata contro i batteri *Saccharomyces cerevisiae* inoculati con diversi succhi di frutta (fragola, arancia, mela, ananas e frutti rossi). Gli esperimenti sono stati eseguiti con:

- livello di potenza (20-60 %) e
- tempo di funzionamento (2-6 min)

In seguito, il trattamento migliore tra queste combinazioni è stato testato con altri lieviti fermentanti, quali:

- Pichia membranifaciens,
- Wickerhamomycesanomalus,
- Zygosaccharomycesbaili,

Zygosaccharomycesrouxi e
Candida norvegica

I risultati dello studio mostrano che l'effetto delle onde sonore ultrasoniche è influenzato principalmente dal livello di potenza e dal tempo di applicazione. La riduzione più elevata della batterina *S. cerevisiae* è stata riscontrata nelle seguenti combinazioni di design:

- Potenza: 60 % e
- Tempo: 4 minuti.

Questi risultati sono stati confermati per altri lieviti

Infine, lo studio condotto con:

- ananas,
- uva e
- succo di mirtillo

è stato testato sull'inattivazione di *Saccharomyces cerevisiae* mediante termosonicazione per 10 minuti a temperature inferiori:

- 40° C,
- 50° C, e
- 60° C.

Nell'inattivazione di *S. cerevisiae*, 60°C sono risultati più efficaci di altre condizioni di temperatura. L'inattivazione totale di *S. cerevisiae* nel succo d'uva è risultata pari a una riduzione di 7 log dopo l'uso di un'altra temperatura.

10 minuti. A seguito di questo studio, gli autori hanno concluso che le onde sonore ultrasoniche sono un'opzione adatta per la pastorizzazione del succo di frutta.

2.6. Altre applicazioni

Sono state studiate le applicazioni delle onde sonore ultrasoniche in queste operazioni di lavorazione degli alimenti:

a. Asciugatura,

b. disidratazione,

c. filtrazione,

d. separazione a membrana,

e. salatura e

f. disidratazione osmotica

L'applicazione delle onde sonore ultrasoniche in

- fette di carota,
- fette di cipolla e
- fette di patate

è stato studiato. È stato osservato un aumento dei tassi di essiccazione in vari prodotti. L'essiccazione acustica offre molti vantaggi rispetto ai processi di essiccazione convenzionali, poiché gli alimenti sensibili al calore possono essere essiccati a una temperatura inferiore (circa 50-60 °C) rispetto ai tradizionali essiccatori ad aria calda (circa 100 - 115° C). Sono state condotte diverse ricerche in operazioni unitarie come la filtrazione a membrana assistita da ultrasuoni e la disidratazione osmotica, nonché in processi come la cottura del formaggio e la stagionatura della carne.

L'emulsificazione è un'altra applicazione delle onde sonore ultrasoniche. Quando la bolla collassa in prossimità del confine di fase dei due liquidi non miscelati, l'onda d'urto risultante assicura la miscelazione degli strati in modo molto efficiente. Le emulsioni prodotte con gli ultrasuoni presentano una serie di vantaggi, tra cui la stabilità e la distribuzione delle dimensioni medie delle gocce senza l'aggiunta di tensioattivi. Oltre al controllo dell'attività enzimatica, è stato studiato l'uso degli ultrasuoni per rimuovere i composti bioattivi. In passato, sono stati pubblicati diversi articoli sull'uso delle onde sonore ultrasoniche per estrarre metaboliti vegetali e flavonoidi dai vegetali utilizzando sostanze bioattive provenienti da una serie di solventi e piante.

- Estratti di erbe,
- oli di mandorle,
- proteine di soia e

- Tra le sostanze bioattive provenienti da materiali vegetali, si possono citare i flavoni e i polifenoli.

Molti studi hanno riportato l'uso degli ultrasuoni per migliorare le proprietà emulsionanti delle proteine di soia (Lee et al., 2016; Yildiz et al., 2017; Yildiz et al., 2018).

Negli ultimi anni il taglio a ultrasuoni è diventato sempre più comune nell'industria alimentare e produce tagli di alta qualità e precisione (Yildiz et al., 2016). La tecnologia a ultrasuoni è stata utilizzata anche per il "taglio pulito" di prodotti alimentari appiccicosi e friabili, tra cui noci, uvetta e altri biscotti duri, utilizzando lame a ultrasuoni. Il taglio debole comporta notevoli scarti di prodotti frantumati, sbriciolati o strappati.

D'altra parte, i cibi tagliati a ultrasuoni presentano vantaggi quali:

- con un'eccellente superficie di taglio,
- bassa perdita di prodotto,
- minore deformazione,
- produrre prodotti meno fragili e
- lavorazione di alimenti appiccicosi (Yildiz et al., 2016).

La qualità degli alimenti tagliati con gli ultrasuoni è influenzata dal tipo di alimento congelato e scongelato. Il taglio di alimenti assistito da ultrasuoni ha trovato applicazione per il taglio di prodotti fragili ed eterogenei (torte, pasticcini e prodotti da forno) e di prodotti oleosi (formaggi) o appiccicosi (Arnold et al., 2009). Questo metodo di taglio è stato utilizzato per tagliare formaggi, prodotti da forno, prodotti dolciari e altri alimenti pronti al consumo (Schneider et al., 2002).

I vantaggi generali del taglio a ultrasuoni degli alimenti possono essere elencati come segue:

- La qualità della superficie di taglio è visivamente eccellente,
- Il prodotto non è quasi deformabile,
- L'adesione è ridotta,
- I prodotti multistrato si tagliano facilmente,
- La mollica e i detriti sono notevolmente ridotti. I prodotti fragili tendono a essere meno soggetti a

rotture (Mason, 1998).

La tabella 2.1 mostra gli alimenti adatti al taglio a ultrasuoni.

Tabella 2.1. Tipi di alimenti adatti al taglio a ultrasuoni
(Mason, 1998)

Bakery products	**Frozen products**	**Fresh products**
Bread	Cream cakes	Fish
Pastry	Pies	Meat
Pies	Ice cream	Vegetables
Cakes	Ice cream cakes	Bakery
Swiss rolls	Composite	Confectionery
Rich fruit cakes	Sorbets (not water ices)	Biscuits
Date and nut cakes		Cakes
Cream cakes		Bread
Tarts		
Lemon meringue pie		
Meringue		
Oatmeal biscuits		

I parametri chimici generali, come l'ossidazione dei lipidi e il valore del pH, nei campioni di formaggio sottoposti a taglio a ultrasuoni hanno mostrato differenze significative rispetto ai formaggi che hanno applicato il metodo di taglio tradizionale. I formaggi tagliati con gli ultrasuoni hanno mostrato valori di perossido più bassi, contribuendo a ridurre la perossidazione lipidica. Inoltre, tutti i formaggi tagliati con gli ultrasuoni hanno mostrato un aspetto superficiale luminoso e liscio, mentre i campioni tagliati senza ultrasuoni hanno mostrato una struttura ruvida. Nella valutazione sensoriale dei formaggi, quelli tagliati con e senza ultrasuoni sono stati valutati in termini di colore, odore, sapore e accettabilità complessiva. I panelisti hanno valutato i formaggi con trattamento a ultrasuoni con punteggi più alti (Yildiz et al., 2016). È possibile osservare i diversi tipi di mele tagliate con e senza ultrasuoni (Figura 2.5). Mentre i due tipi di mele tagliate con gli ultrasuoni hanno un colore liscio e più chiaro, le mele tagliate senza ultrasuoni hanno un colore più ruvido e più scuro (Yildiz, 2013).

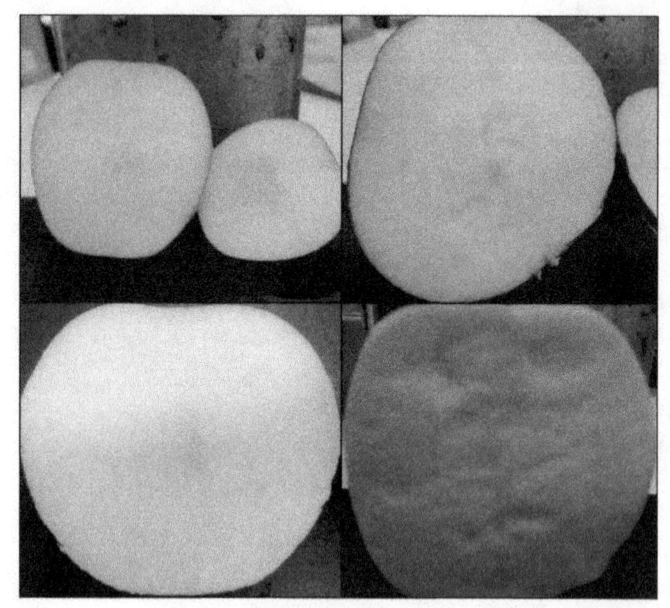

Figura 2.5. Immagini di superficie di mele red delicious e golden delicious tagliate con ultrasuoni (Yildiz, 2013).*Le immagini a sinistra mostrano le mele tagliate con gli ultrasuoni e quelle a destra le mele tagliate senza ultrasuoni.

CAPITOLO 3

OSSERVAZIONI CONCLUSIVE

Gli effetti negativi dei processi termici sul prodotto inducono i produttori a non utilizzare questi metodi. I consumatori chiedono di studiare nuovi metodi di lavorazione degli alimenti che abbiano un impatto minore sulla qualità complessiva del cibo e sul valore nutrizionale. Come risultato delle indagini, i processi non termici, una delle nuove tecnologie, sono accettati come tecniche che possono essere utilizzate con successo per ottenere un prodotto senza causare problemi sensoriali e nutrizionali. Con questi metodi è possibile ridurre le perdite di nutrienti causate dall'alta temperatura nella struttura dell'alimento e nelle proprietà sensoriali. In questo senso, gli ultrasuoni sono considerati un'alternativa promettente.

Gli ultrasuoni sono un campo di ricerca in rapida crescita e sempre più utilizzati nell'industria alimentare. L'uso degli ultrasuoni nella lavorazione degli alimenti crea nuove metodologie che integrano le tecniche tradizionali. In alcuni casi, gli ultrasuoni sono efficaci contro i microrganismi presenti negli alimenti. Diversi parametri di lavorazione e alimentari possono influenzare l'effetto degli ultrasuoni sull'inattivazione dei microrganismi.

L'applicazione degli ultrasuoni nell'industria alimentare dovrebbe essere incoraggiata e ci si dovrebbe impegnare per integrare sistemi a ultrasuoni efficienti nelle linee di lavorazione degli alimenti per contribuire alla produzione di prodotti alimentari microbiologicamente sicuri e di alta qualità.

RIFERIMENTI

1. Abid, M., Jabbar, S., Wu, T., Hashim, M.M., Hu, B., Lei, S. 2013. Effetto degli ultrasuoni su diversi parametri qualitativi del succo di mela. Ultrasonics Sonochemistry, 20: 1182-1187.
2. Aleixo, P. C., Santos Junior, D., Tomazelli, A. C., Rufini, I. A., Berndt, H., Krug, F. J. (2004). Determinazione di cadmio e piombo negli alimenti mediante spettrometria di assorbimento atomico in forno a fiamma a iniezione di fascio dopo preparazione del campione assistita da ultrasuoni. Analytica Chimica Acta, 512: 329-337.
3. Ananta, E., Voigt, D., Zenker, M., Heinz, V., Knorr, D. (2005). Lesioni cellulari in seguito all'esposizione di Escherichia coli e Lactobacillus rhamnosus a ultrasuoni ad alta intensità. Journal of Applied Microbiology, 99: 271-278.
4. Arnold, G., Leiteritz, L., Zahn, S., Rohm, H. (2009). Taglio a ultrasuoni del formaggio: la composizione influisce sulla riduzione del lavoro di taglio e sulla richiesta di energia. Int. Dairy J. 19: 314-320.
5. Banasiak, K. (2005). Notizie. Tecnologia alimentare, 59(11), 13-14.
6. Bermudez-Aguirre, D., Barbosa-Canovas, G. V. (2008). Studio del contenuto di grasso di burro nel latte sull'inattivazione di Listeria innocua ATCC 51742 mediante termosonorizzazione. Innovative Food Science and Emerging Technologies, 9(2): 176-185.
7. Cabeza, M. C., Ordonez, J. A., Cambero, I., De la Hoz, L., Garcia, M. L. (2004). Effetto della termoultrasonazione su Salmonella enterica Serovar Enteridits in acqua distillata e uova in guscio intatte. Journal of Food Protection, 67(9): 1886-1891.
8. Cao, S., Hu, Z., Pang, B., Wang, H., Xie, H., Feng, W.(2010). Effetto del trattamento a ultrasuoni sul decadimento dei frutti e sul mantenimento della qualità delle fragole dopo la raccolta. Controllo degli alimenti 21: 529-532
9. Chandrapala, J., Oliver, C., Kentish, S., Ashokkumar. M. (2012). Gli ultrasuoni nella

lavorazione degli alimenti - Garanzia di qualità e sicurezza alimentare, Trends in Food Science and Technology. 26: 88-98.

10. Cruz-Cansino, N.S., Reyes-Hernandez, I., Delgado-Olivares, L., Jaramillo-Bustos, D.P., Ariza-Ortega, J.A., Ramirez-Moreno, E. (2015). "Effetto degli ultrasuoni sulla sopravvivenza e sulla crescita di Escherichia coli nel succo di pera cactus durante la conservazione", Brazilian Journal of Microbiology, 47: 431-437.

11. Earnshaw, R. G., Appleyard, J., Hurst, R.M. (1995). Comprendere i processi di inattivazione fisica: Opportunità di conservazione combinata con calore, ultrasuoni e pressione. International Journal of Applied Microbiology, 28: 197-219.

12. Forster, T. (1997). Principi di formazione dell'emulsione in Tensioattivi nei cosmetici. Rieger, M.M., & Rhein, L.D, editori. New York: Marcel Dekker, 105-25.

13. Furuta, M., Yamaguchi, M., Tsukamoto, T., Yim, B., Stavarache, C. E., Hasiba, K., Maeda, Y. (2004). Inattivazione di Escherichia coli mediante irradiazione ultrasonica. Ultrasonics Sonochemistry, 11(2): 57-60.

14. Guerrero, S., Tognon, M., Alzamora, S. M. (2005). Risposta di Saccharomyces cerevisiae all'azione combinata di ultrasuoni e chitosano a basso peso. Food Control, 16: 131-139.

15. Jambrak, A. R., Mason, T. M., Lelas, V., Herceg, Z., Herceg, I. L. (2008). J. Food Eng. Vol. 86, pag. 281-287.

16. Kentish, S., Feng, H. (2014). Applicazioni degli ultrasuoni di potenza nella lavorazione degli alimenti. Annual Review of Food Science and Technology, 5: 263-284.

17. Klima, R. A., Montville, T. J. (1995). Le risposte normative e industriali alla listeriosi negli Stati Uniti: un paradigma per affrontare i patogeni emergenti di origine alimentare. Tendenze negli alimenti Scienza e tecnologia, 6: 87-93.

18. Ko, S. e Grant, S. A. (2003). Sviluppo di un nuovo metodo FRET per il rilevamento di

Listeria o Salmonella. Sensori e Attuatori, B96, 372-378.

19. Kozak, J., Balmer, T., Byrne, R., Fisher, K. (1996). Prevalenza di Listeria monocytogenes negli alimenti: Incidenza nei prodotti lattiero-caseari. Food Control, 7(4-5): 215-221.

20. Kuldiloke, J. (2002). Effetto dei trattamenti con ultrasuoni, temperatura e pressione sull'attività enzimatica e sugli indicatori di qualità dei succhi di frutta e verdura. Dottorato di ricerca TU-Berlino.

21. Lee, H., Zhou, B., Liang, W., Feng, H., Martin, S.E. (2009). Inattivazione *di* cellule di *Escherichia coli* con sonicazione, manosonicazione, termosonicazione e manotermosonicazione: responsi microbici e modellizzazione della cinetica. J. Food Eng. 93: 354-364.

22. Lee, H., Yildiz, G., Dos Santos, L.C., Jiang, S., Andrade, J., Engeseth, N.C., Feng, H. (2016). Nano-aggregati di proteine di soia con migliori proprietà funzionali preparati mediante trattamento sequenziale del pH e ultrasuoni. Food Hydrocolloids, 55: 200-209.

23. Lillard, H.S. (1994). Decontaminazione della pelle del pollame mediante sonicazione. Tecnologia alimentare, dicembre: 72-73.

24. Manas, P., Pagan, R., Raso, J. (2000). Previsione dell'effetto letale delle onde ultrasoniche sottoposte a trattamenti di pressione su Listeria monocytogenes ATCC 15313 mediante misure di potenza. Journal of Food Science, 65(4): 663-667.

25. Manas P., Pagan R (2005). Inattivazione microbica con le nuove tecnologie di conservazione degli alimenti. J. Appl. Microbiol. 98: 1387-1399.

26. Mason, T.J. (1998). Introduzione al taglio degli alimenti con gli ultrasuoni. In: *Ultrasound in Food Processing,* a cura di Povey, M.J.W. e Mason, T.J. New York: Blackie Academic& Professional, pp. 254-269.

27. McClements, D. J., Decker, E. A. (2000). Ossidazione lipidica in emulsioni olio-acqua: impatto dell'ambiente molecolare sulle reazioni chimiche in sistemi alimentari eterogenei. J. Food Sci. 65(8): 1270-1282.

28. McLauchlin, J. (2006). Listeria. In: Motarjemo, Y., and Adams, M. (eds.), Emerging Foodborne Pathogens, pp. 406-428. Boca Raton, FL, CRC.

29. Mohan Nair, M. K., Vasudevan, P., Venkitanarayanan, K. (2005). Effetto antibatterico dell'olio di semi neri su Listeria monocytogenes. Food Control, 16: 395-398.

30. Motarjemi, Y., Adams, M. (2006). Introduzione. In: Motarjemo, Y., and Adams, M. (eds.), Emerging Foodborne Pathogens, pp. xvii-xxii Boca Raton, FL, CRC.

31. Pagan, R., Manas, P., Alvarez, I., Condon, S. (1999). Resistenza di Listeria monocytogenes alle onde ultrasoniche sotto pressione a temperature subletali (manosonicazione) e letali (manotermosonicazione). Microbiologia alimentare, 16: 139-148.

32. Pelczar, M. J., Reid, R. D. (1972). Microbiologia, pp. 783-807. New York, McGraw-Hill.

33. Ramisetty, K.A., Pandit, A.B., Gogate, P.R. (2015). Preparazione assistita da ultrasuoni di emulsione di olio di cocco in acqua: Understanding the effect of operating parameters and comparison of reactor designs, Chem.Eng.Process: Process Intensif. 88: 70-77.

34. Sala, F.J., Burgos, J., Condon, S., Lopez, P., Raso, J. (1995). Effetto del calore e degli ultrasuoni su microrganismi ed enzimi. In G. W. Gould (a cura di), Nuovi metodi di conservazione degli alimenti, 176-204.

35. Santhirasegaram, V., Razali, Z., George, D.S., Somasundram, C. 2015. Effetti del trattamento termico e non termico sui composti fenolici, sull'attività antiossidante e sugli attributi sensoriali del succo di mango Chokanan (Mangifera indica L.). Food Bioprocess Technology, 8: 2256-2267.

36. Schneider, Y., Zahn, S., Linke, L. (2002). Valutazione qualitativa del processo per Taglio a ultrasuoni degli alimenti. Ingegneria in Scienze della Vita. 2: 153-157.

37. Seymour IJ, Burfoot D, Smith RL, Cox LA, Lockwood A. (2002). Decontaminazione a ultrasuoni di frutta e verdura minimamente lavorate. Int J. Food Sci. Technol. 37: 547-57.

38. Tsukamoto, I., Constantinoiu, E., Furuta, M., Nishimura, R., Maeda, Y. (2004a). Effetto di inattivazione della sonicazione e della clorazione su Saccharomyces cerevisiae. Analisi calorimetrica. Ultrasonics Sonochemistry, 11: 167-172.

39. Tsukamoto, I., Yim, B., Stavarache, C.E., Furuta, M., Hashiba, K., Maeda, Y. (2004b). Inattivazione di Saccharomyces cerevisiae mediante irradiazione ultrasonica. Ultrasonics Sonochemistry, 11: 61-65.

40. Ugarte-Romero, E., Feng, H., Martin, S.E. (2007). Inattivazione di Shigella boydii 18 IDPH e Listeria monocytogenes Scott A con ultrasuoni di potenza a diverse densità di energia acustica e temperature. Journal of Food Science, 72(4): M103-M107.

41. Vollmer, A.C., Kwakye, S., Halpern, M., Everbach, E.C. (1998). Risposte batteriche allo stress degli ultrasuoni pulsati a 1 megahertz in presenza di microbolle. Appl Environ Microbiol 64: 3927-3931.

42. Wrigley, D. M., Llorca, H. G. (1992). Riduzione della Salmonella typhimurium nel latte scremato e nelle uova mediante trattamento con calore e onde ultrasoniche. Journal of Food Protection, 55(9): 678680.

43. Yildiz, G. (2013). Taglio a ultrasuoni di formaggio e mele: effetto sugli attributi qualitativi durante la conservazione. Tesi (MSc), Università dell'Illinois, Champaign, IL.

44. Yildiz, G., Rababah, T., Feng, H. (2016). Taglio assistito da ultrasuoni di formaggi cheddar, mozzarella e swiss - Effetti sugli attributi qualitativi durante la conservazione. Innovativo Scienza alimentare e tecnologie emergenti, 37: 1-9.

45. Yildiz, G., Andrade, J., Engeseth, N.C., Feng, H. (2017). Funzionalizzazione di nanoaggregati di proteine di soia con spostamento di pH e mano-termo-sonicazione. Journal of Colloid and

Interface Science, 505: 836-846.

46. Yildiz, G., Ding, J., Andrade, J., Engeseth, N.J. e Feng, H. (2018). Effetto dei complessi proteina vegetale-polisaccaridi prodotti mediante mano-termo-sonicazione e spostamento del pH sulla struttura e sulla stabilità delle emulsioni olio-in-acqua. Innovative Food Science and Emerging Technologies, 47: 317-325.

47. Zenker, M., Heinz, V., Knorr, D. (2003). Applicazione del trattamento termico assistito da ultrasuoni per la conservazione e il mantenimento della qualità degli alimenti liquidi. Journal of Food Protection, 66(9): 1642-1649.

Biografie degli autori

La dott.ssa Gulcin Yildiz si è laureata presso il Dipartimento di Ingegneria alimentare dell'Università di Selcuk a Konya, in Turchia. Dopo aver superato un processo di selezione competitivo a livello nazionale, ha ottenuto una borsa di studio per laureati dal Ministero dell'Istruzione turco. Nell'agosto 2011 ha iniziato il master presso l'Università dell'Illinois a Urbana-Champaign, negli Stati Uniti. Dopo aver conseguito la laurea specialistica nel 2013, ha iniziato il dottorato di ricerca presso la stessa università. Durante il dottorato ha lavorato sulla lavorazione non termica, compresa l'omogeneizzazione ad alta pressione e la tecnologia a ultrasuoni. Dopo aver conseguito il dottorato nel 2017, è tornata in Turchia. Attualmente lavora presso il dipartimento di ingegneria alimentare dell'Università di Igdir.

Aree di ricerca: Nanotecnologie; trattamento non termico; alimenti funzionali; incapsulamento; liofilizzazione; trattamento degli alimenti; tecnologia a ultrasuoni.

Gokcen Izli si è laureata presso il Dipartimento di Ingegneria alimentare dell'Università di Selcuk a Konya, in Turchia. Tra il 2009 e il 2016 ha lavorato come assistente di ricerca presso l'Università di Uludag, Facoltà di Agraria, dipartimento di Ingegneria alimentare. Nel 2014 ha conseguito il dottorato di ricerca presso l'Università di Uludag e nel 2016 ha iniziato a lavorare come assistente alla Bursa Technical University. Attualmente lavora presso il dipartimento di ingegneria alimentare della Bursa Technical University.

Aree di ricerca: Lavorazione di frutta e verdura, tecnologia di essiccazione, tecnologia di fermentazione, chimica alimentare.

CPSIA information can be obtained
at www.ICGtesting.com
Printed in the USA
LVHW100839300323
742975LV00021B/425

9 786205 792179